目录

CONTENTS

项目 1　电路基础元件的使用 ······ 1

项目 2　供电电路设计 ······ 13

项目 3　隔离输入输出电路设计 ······ 19

项目 4　控制电路设计 ······ 23

项目 5　电路 PCB 设计 ······ 27

项目 6　电子元件的采购 ······ 35

项目 7　电路板的焊接加工 ······ 39

项目 8　电路板的功能检测评估 ······ 43

项目 1 电路基础元件的使用

任务 1 元件准备与工具认知

班级		姓名		学号		指导教师	
一、任务要求							
以小组为单位，认知实验室所提供的相关实验设备：(1) 面包板；(2) 供电板；(3) 万用表；(4) 电阻和电容；(5) 二极管和三极管。完成任务相关的知识学习和问题讨论；完成使用万用表测量电压、电阻、三极管的工作，并记录结果；完成小组任务汇报和评分。							
二、分组讨论							
学生以 4～6 人为一组，组长组织各组成员查找相关资料，并学习相关知识内容，完成下列问题的讨论。 问题 1：实验室内面包板内部导线结构是什么样的？（画出示意图） 问题 2：实验室内供电板能输出的电压有哪些？和面包板如何连接？ 问题 3：实验室内所用万用表型号是什么？根据其说明书简单描述其使用方法。 问题 4：查找三极管 S8550 相关资料，讨论利用万用表测量其管脚的方案。							

续表

三、任务实施

（1）使用万用表测量接入面包板的供电板输出电压，并记录结果；使用万用表测量电阻，并记录结果；使用万用表测量三极管 S8550，测出管脚分布，并绘图记录结果。

（2）任务实施过程中会遇到一些问题，请记录遇到的问题和解决方法。

问题记录

序号	主要问题	解决方法
1		
2		
3		
4		
5		

四、任务评价

各小组选出代表完成任务汇报，并完成个人评分、组内评分，结合教师给出的评分完成综合评价。

任务评分表

评价项目	评价内容	评分			
		分值	自评分	组评分	教师评分
专业技能（70%）	万用表使用	20			
	供电板电压测量记录	15			
	电阻测量记录	15			
	三极管测量记录	20			
职业素养（30%）	团队协作	10			
	安全、责任意识	10			
	环境整洁、设备完备	5			
	表达沟通能力	5			
综合评分		100			

任务 2　认识电阻和电容

班级		姓名		学号		指导教师	

一、任务要求

以小组为单位，通过一些基础电路的搭建与测试来学习电阻和电容的相关知识，为后续隔离数字量模块的电路设计做准备。本次工作任务中，将学习搭建测试电阻和电容的几个基本电路，并测量、计算一些电路中的参量。

二、分组讨论

学生以 4～6 人为一组，组长组织各组成员查找相关资料，并学习相关知识内容，完成下列问题的讨论。

问题 1：如何简单表述欧姆定理？电容和电阻的串并联特性是什么？

问题 2：如何设计简单电路验证欧姆定理？设计简单电路验证电阻的串联和并联特性。

问题 3：设计一个 LED 电路，包含电源、电阻、LED 灯，以串联形式连接，使用万用表测量其工作参数。

问题 4：搭建如图 1－1 所示电路，观察其工作效果，并记录测量数据，对实验结果做简单计算分析，并将分析结果与实际效果进行对比。

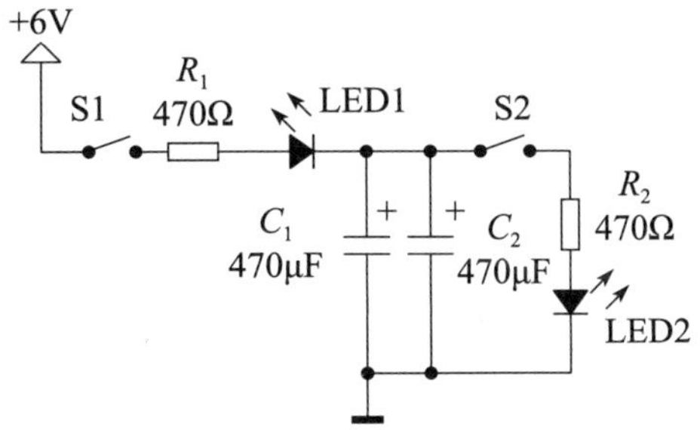

图 1－1　实验原理图

开始时 S1 和 S2 均为打开状态，先闭合 S1，记录实验效果。

随后打开 S1，观察 LED 灯状态。

然后闭合 S2，观察 LED 灯状态。

最后将 S2 打开，观察 LED 灯状态。

续表

三、任务实施

按上述问题中的要求，完成相关问题的回答，并搭建电路验证答案，将实验相关原理图设计和结果记录在下方。

任务实施过程中会遇到一些问题，请记录遇到的问题和解决方法：

问题记录

序号	主要问题	解决方法
1		
2		
3		
4		
5		

四、任务评价

各小组选出代表完成任务汇报，并完成个人评分、组内评分，结合教师给出的评分完成综合评价。

任务评分表

评价项目	评价内容	评分			
		分值	自评分	组评分	教师评分
专业技能（70%）	欧姆定理和电容电阻串并联知识表述	15			
	实验电路设计	20			
	电路测量和结果记录	15			
	实验结果分析	20			
职业素养（30%）	团队协作	10			
	安全、责任意识	5			
	环境整洁、设备完备	5			
	创新意识	10			
综合评分		100			

任务 3　二极管的使用

班级		姓名		学号		指导教师	

一、任务要求

二极管是电路设计中常用的元件，其有多种类型规格，用途各不相同。本次工作任务中，我们将学习与二极管相关的基础知识，认识多种类型的二极管，通过网络查询相关知识，总结和掌握各种二极管的认知和作用。

二、分组讨论

学生以 4～6 人为一组，组长组织各组成员查找相关资料，并学习相关知识内容，完成下列问题的讨论。

问题 1：常用二极管有哪些种类？其标识符号是什么？了解各种二极管的作用和应用场合。

问题 2：对于几种常用的二极管，以部分型号为例，找到各自的手册，了解其关键参数。

问题 3：查阅隔离控制器电路原理图，识别电路中二极管，并查阅其手册资料，分析其在电路中的作用。

问题 4：利用万用表测量隔离控制器电路中的二极管压降；利用实验室设备设计并搭建相关电路，测量发光二极管压降。

续表

三、任务实施

按上述问题中的要求，完成相关问题的回答；按问题要求设计搭建相关电路并测量记录需要的参数。

任务实施过程中会遇到一些问题，请记录遇到的问题和解决方法：

问题记录

序号	主要问题	解决方法
1		
2		
3		
4		
5		

四、任务评价

各小组选出代表完成任务汇报，并完成个人评分、组内评分，结合教师给出的评分完成综合评价。

任务评分表

评价项目	评价内容	评分			
		分值	自评分	组评分	教师评分
专业技能（70%）	表述二极管的分类和用途	15			
	收集各种二极管资料	20			
	分析隔离控制器电路	15			
	设计电路并测量参数	20			
职业素养（30%）	团队协作	10			
	安全、责任意识	5			
	表达沟通能力	5			
	创新意识	10			
综合评分		100			

任务 4　三极管的使用

班级		姓名		学号		指导教师	

一、任务要求

电路设计中三极管是常用的元件，其有多种类型规格，用途各不相同。本次工作任务中，我们将学习与三极管相关的基础知识，认识多种类型的三极管，通过网络查询相关知识，总结和掌握各种三极管的使用方法。

二、分组讨论

学生以 4～6 人为一组，组长组织各组成员查找相关资料，并学习相关知识内容，完成下列问题的讨论。

问题 1：常用三极管有哪些种类？其标识符号是什么？

问题 2：对于三极管 S8550 和 S8050，找到各自的手册，了解其关键参数。

问题 3：描述三极管的放大作用和开关作用，并了解应用场合。

问题 4：搭建一个实现音调变换的电子门铃电路，它主要是通过电容器 C_1 的充、放电改变振荡器的振荡频率来实现功能。电路原理图如图 1－2 所示。

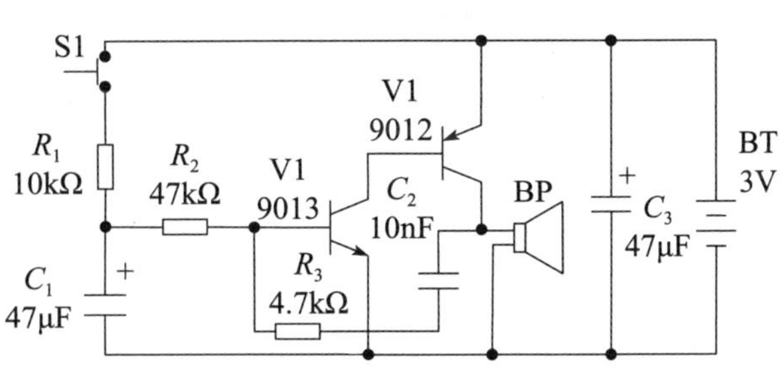

图 1－2　简单变调电子门铃原理图

续表

三、任务实施

按上述问题中的要求，完成相关问题的回答；按问题要求设计搭建相关电路并分析其工作原理。

任务提示：

三极管 V1 与 V2 组成互补型自激多谐音频振荡器，电阻 R_3、电容 C_2 构成的正反馈网络使电路起振。C_1 是起变调作用的充、放电电容。在门铃按钮 S1 未按下时，V1 和 V2 均处于截止状态，电路不振荡，扬声器 BP 无声。当有客人来访按下 S1 时，电源通过 R_1 向 C_1 充电，使 V1 的基极电位逐渐上升，当电位上升到 0.7V 左右时，电路开始起振，扬声器 BP 开始发声。随着 C_1 两端的电压不断升高，音调也随之发生变化。当 C_1 两端电压达到 1.5V 左右时，音调则不再发生变化而趋向稳定。当松开按钮 S1 后，C_1 所存储的电荷将通过电阻 R_2 向 V1 的发射极放电，扬声器 BP 会继续发声，同时音调也会发生变化，此时声音将维持几秒钟时间，且音色也逐渐降低。当 C_1 存储的电荷绝大部分放完后，电路即停止振荡，恢复原先的静止状态。

任务实施过程中会遇到一些问题，请记录遇到的问题和解决方法：

问题记录

序号	主要问题	解决方法
1		
2		
3		
4		
5		

四、任务评价

各小组选出代表完成任务汇报，并完成个人评分、组内评分，结合教师给出的评分完成综合评价。

任务评分表

评价项目	评价内容	评分			
		分值	自评分	组评分	教师评分
专业技能（70%）	表述三极管的分类和用途	15			
	收集各种三极管资料	20			
	表述三极管的放大和开关作用	15			
	搭建演示电路并分析其工作原理	20			
职业素养（30%）	团队协作	10			
	安全、责任意识	5			
	表达沟通能力	5			
	创新意识	10			
综合评分		100			

任务 5 CMOS 数字集成电路的使用

班级		姓名		学号		指导教师	

一、任务要求

本次工作任务中，我们将学习与 MOS 管相关的基础知识，认识多种类型的 MOS 管，认识 CMOS 工艺的集成电路，通过网络查询相关知识，总结和掌握各种 MOS 管以及几种典型 CMOS 集成电路的使用方法。任务中要求搭建一个利用 CMOS 集成芯片组成的闪光电路，并学习使用示波器测量电路运行情况。

二、分组讨论

学生以 4～6 人为一组，组长组织各组成员查找相关资料，并学习相关知识内容，完成下列问题的讨论。

问题 1：MOS 管有哪些种类？其标识符号是什么？了解 MOS 管的开关作用和基础电路。

问题 2：查找相关资料，了解 CMOS 工艺集成电路制造工艺，查找并阅读 4011、4013、4069、4017 的芯片手册。

问题 3：查找相关资料，了解示波器的使用方式。

问题 4：利用 4096 集成电路搭建一个实现 LED 闪光灯的电路。观察电路工作效果，并通过示波器观察电路工作细节，分析示波器波形，电路原理图如图 1－3 所示。

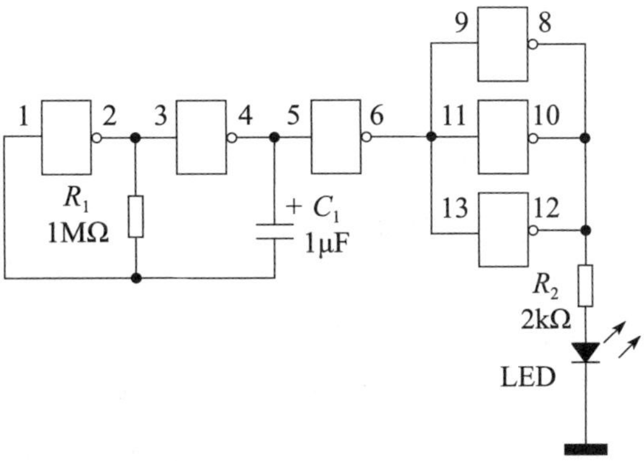

图 1－3 LED 闪光灯原理图

续表

三、任务实施

按上述问题中的要求，完成相关问题的回答；按问题要求设计搭建相关电路并分析其工作原理。

任务提示：

这是一款用门电路组成的低频多谐振荡器，它将输出的脉冲加以放大来驱动发光二极管，组成一个闪光灯电路。

电路用了一片六反相器 4069 芯片，内部有 6 个反相器，分别编号 A、B、C、D、E、F，其和 C_1、R_1 等组成一个多谐振荡器。其振荡频率为：

$$f=1/(2\ln 3R_1C_1)=1/(2.2R_1C_1)$$

按电路图中的数值，其振荡频率约为 0.45Hz。由多谐振荡器输出的振荡脉冲经 IC1C 缓冲，加至由 IC1D、IC1E、IC1F 并联组成的门电路放大器后，驱动发光二极管 LED1 发光。

电路装配可参考图 1-4：

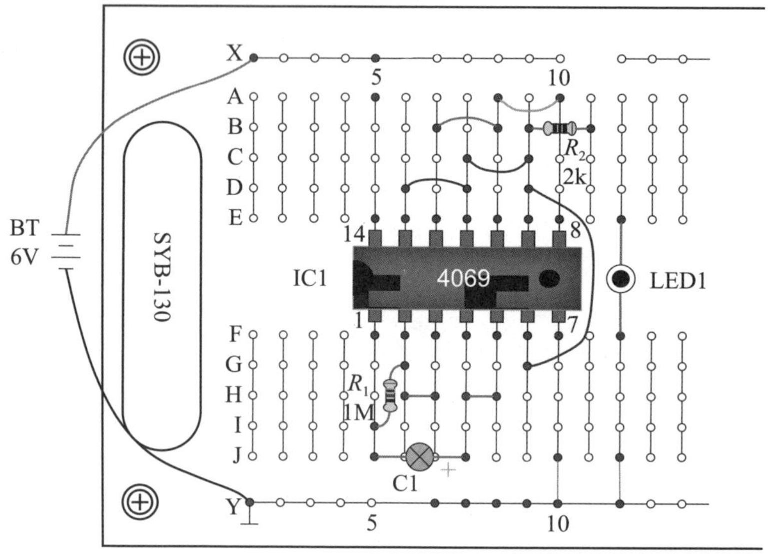

图 1-4　LED 闪光灯装配图

尝试使用示波器查看电路工作过程（频率与图示有差异），如图 1-5 至图 1-7 所示：

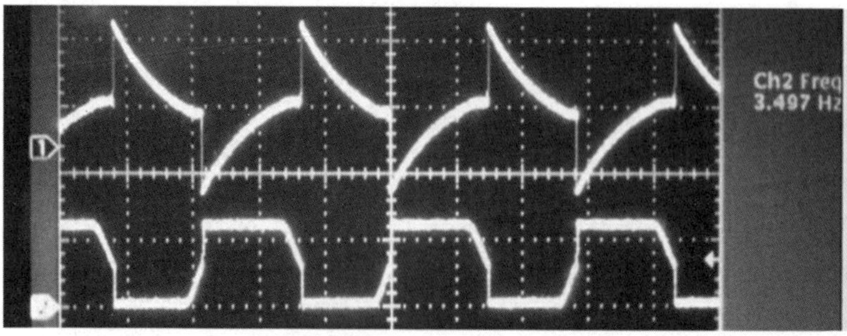

图 1-5　上方为电容和电阻连接点电压，下方为 5 号管脚电压

续表

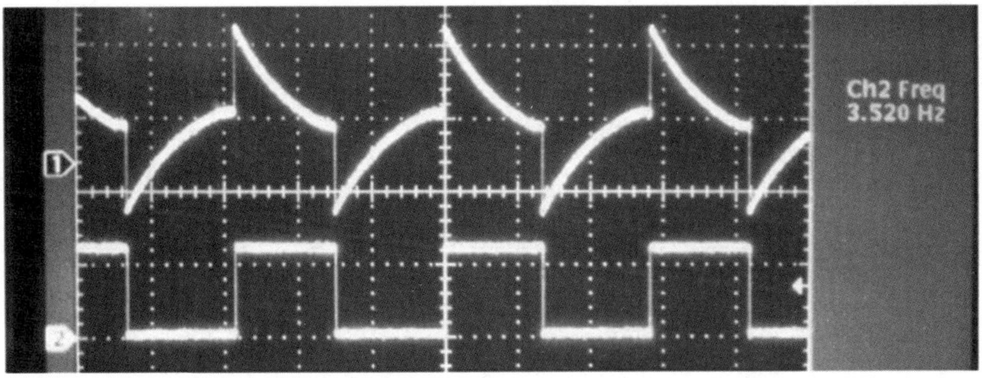

图 1-6　上方为电容和电阻连接点电压，下方为 6 号管脚电压

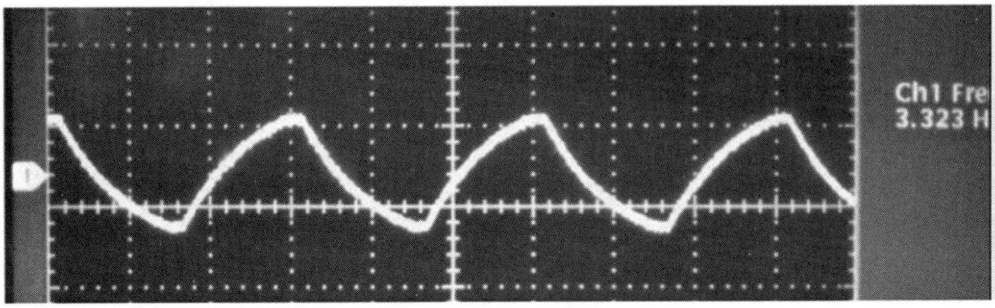

图 1-7　电容两端电压

电路搭建完毕后，读者可尝试调整电路中电容和电阻的参数，并观察示波器波形的变化，将相关结果图片贴在下方，并利用公式计算结果和波形进行对比分析。

任务实施过程中会遇到一些问题，请记录遇到的问题和解决方法：

问题记录

序号	主要问题	解决方法
1		
2		
3		
4		
5		

续表

四、任务评价

各小组选出代表完成任务汇报，并完成个人评分、组内评分，结合教师给出的评分完成综合评价。

任务评分表

评价项目	评价内容	评分			
		分值	自评分	组评分	教师评分
专业技能（70%）	表述 MOS 管的分类和用途	15			
	收集 CMOS 芯片手册资料	20			
	示波器的使用	15			
	搭建演示电路并分析其波形	20			
职业素养（30%）	团队协作	10			
	安全、责任意识	5			
	表达沟通能力	5			
	创新意识	10			
综合评分		100			

项目2 供电电路设计

任务1 AC－DC电源模块的使用

班级		姓名		学号		指导教师	

一、任务要求

AC－DC电源模块的选择和使用是物联网系统中必须解决的问题。系统选择合适的电源供电，是系统稳定性的必要保证。

本次工作任务中，我们将学习与AC－DC电源模块相关的基础知识，认识AC－DC的工作原理，认识变压器和开关方式的AC－DC转换器，通过网络查询相关知识，总结和掌握两种AC－DC转换方式各自的优缺点和选择AC－DC电源模块的技能。

二、分组讨论

学生以4～6人为一组，组长组织各组成员查找相关资料，并学习相关知识内容，完成下列问题的讨论。

问题1：AC、DC分别是什么含义？其相互转换有何意义？

问题2：简单描述两种AC－DC的工作原理，以及AC－DC中所涉及的元件功能。

问题3：了解市场上AC－DC电源规格与价格。

问题4：找出实训室中多种AC－DC电源，记录其规格参数，查找其价格，并用示波器检测其不同负载下的输出状态。

续表

三、任务实施

按上述问题中的要求，完成相关问题的回答；设计相关电路，接入实验室内 AC－DC 电源，利用示波器观测电源输出波形，记录电源部件铭牌上的工作参数和示波器波形。

任务实施过程中会遇到一些问题，请记录遇到的问题和解决方法：

问题记录

序号	主要问题	解决方法
1		
2		
3		
4		
5		

四、任务评价

各小组选出代表完成任务汇报，并完成个人评分、组内评分，结合教师给出的评分完成综合评价。

任务评分表

评价项目	评价内容	评分			
		分值	自评分	组评分	教师评分
专业技能（70%）	AC－DC 工作原理的表述	15			
	AC－DC 电源市场调研	20			
	实验室电源测试电路搭建	15			
	电源参数记录和输出观测	20			
职业素养（30%）	遵守纪律、积极协作	5			
	安全、责任意识	5			
	表达沟通能力	10			
	环境整洁、设备完备	10			
综合评分		100			

任务 2　DC－DC 电源模块的使用

班级		姓名		学号		指导教师	

一、任务要求

本次工作任务中，我们将学习与 DC－DC 电源模块相关的基础知识，认识 DC－DC 的工作原理，认识线性稳压器和开关稳压器，通过网络查询相关知识，总结和掌握两种 DC－DC 转换方式各自的优缺点和选择 DC－DC 电源模块的技能。

二、分组讨论

学生以 4～6 人为一组，组长组织各组成员查找相关资料，并学习相关知识内容，完成下列问题的讨论。

问题 1：低压差线性稳压器（LDO）和 DC－DC 开关电源的区别是什么？

问题 2：DC－DC 开关转换的原理和种类是什么？

问题 3：隔离型 DC－DC 的特点是什么？隔离控制器中所用隔离 DC－DC 的参数和价格是什么？

问题 4：了解市场上 DC－DC 电源模块的规格与价格，查找隔离控制器中所用 LM5007 和 LM1117 的参数资料。简述 DC－DC 模块的选型依据。

续表

三、任务实施
按上述问题中的要求，完成相关问题的回答；将相关模块和芯片的重要参数和应用电路整理在下方。 任务实施过程中会遇到一些问题，请记录遇到的问题和解决方法：

问题记录

序号	主要问题	解决方法
1		
2		
3		
4		
5		

四、任务评价
各小组选出代表完成任务汇报，并完成个人评分、组内评分，结合教师给出的评分完成综合评价。

任务评分表

评价项目	评价内容	评分			
		分值	自评分	组评分	教师评分
专业技能（70%）	LDO 和 DC-DC 的区别	15			
	DC-DC 原理表述	20			
	DC-DC 模块市场调研	15			
	DC-DC 模块选型	20			
职业素养（30%）	遵守纪律、积极协作	5			
	安全、责任意识	5			
	表达沟通能力	10			
	环境整洁、设备完备	10			
综合评分		100			

任务 3　DC－DC 电路设计

班级		姓名		学号		指导教师	

一、任务要求

本次工作任务中，要求以隔离控制器供电部分电路为例，查找所涉及的芯片手册，并从相关资料中了解各芯片的应用电路，完成隔离控制器供电电路的设计。

二、分组讨论

学生以 4～6 人为一组，组长组织各组成员查找相关资料，并学习相关知识内容，完成下列问题的讨论。

问题 1：隔离控制器中用到的电源电平有哪些？

问题 2：隔离控制器中涉及的三种供电部件分别是什么类型的直流电压转换部件？各有什么特点？

问题 3：查找隔离控制器中供电电路所用芯片手册，列出重要参数。

问题 4：画出隔离控制器中供电电路部分的电路原理图。

续表

三、任务实施

按上述问题中的要求，完成相关问题的回答；将相关芯片的重要参数和应用电路整理在下方。

任务实施过程中会遇到一些问题，请记录遇到的问题和解决方法：

问题记录

序号	主要问题	解决方法
1		
2		
3		
4		
5		

四、任务评价

各小组选出代表完成任务汇报，并完成个人评分、组内评分，结合教师给出的评分完成综合评价。

任务评分表

评价项目	评价内容	评分			
		分值	自评分	组评分	教师评分
专业技能（70%）	隔离控制器供电分析	15			
	三种供电特性总结	15			
	芯片手册阅读	20			
	供电电路设计	20			
职业素养（30%）	遵守纪律、积极协作	5			
	安全、责任意识	5			
	表达沟通能力	10			
	环境整洁、设备完备	10			
综合评分		100			

项目 3 隔离输入输出电路设计

任务 1 数字量输入电路设计

<table>
<tr><td>班级</td><td></td><td>姓名</td><td></td><td>学号</td><td></td><td>指导教师</td><td></td></tr>
<tr><td colspan="8">一、任务要求</td></tr>
<tr><td colspan="8">本次工作任务中，我们将学习与光耦隔离相关的基础知识，认识光耦的工作原理，通过网络查询相关知识，总结和掌握光耦隔离输入数字信号量的电路设计。任务要求画出隔离控制器中数字量输入的光耦隔离电路。</td></tr>
<tr><td colspan="8">二、分组讨论</td></tr>
<tr><td colspan="8">学生以 4～6 人为一组，组长组织各组成员查找相关资料，并学习相关知识内容，完成下列问题的讨论。
问题 1：光耦隔离有什么作用？其工作原理是什么？

问题 2：查找相关资料，了解光耦 EL357N 的规格书。

问题 3：查找相关资料，了解市场上光耦的规格与价格。

问题 4：设计光耦隔离输入电路原理图（输入信号为 0V/12V，输出信号为 0V/3.3V），在面包板上验证电路功能。

</td></tr>
</table>

续表

三、任务实施

按上述问题中的要求，完成相关问题的回答；将 EL357N 的重要参数和应用电路整理在下方；记录面包板光耦电路的测量结果。

任务实施过程中会遇到一些问题，请记录遇到的问题和解决方法：

问题记录

序号	主要问题	解决方法
1		
2		
3		
4		
5		

四、任务评价

各小组选出代表完成任务汇报，并完成个人评分、组内评分，结合教师给出的评分完成综合评价。

任务评分表

评价项目	评价内容	评分			
		分值	自评分	组评分	教师评分
专业技能（70%）	光耦工作原理描述	15			
	光耦芯片手册查阅	15			
	隔离输入电路设计	20			
	隔离输入电路测试	20			
职业素养（30%）	遵守纪律、积极协作	5			
	安全、责任意识	5			
	表达沟通能力	10			
	环境整洁、设备完备	10			
综合评分		100			

任务 2 数字量输出电路设计

班级		姓名		学号		指导教师	

一、任务要求

本次工作任务中，我们将测试继电器隔离输出和光耦隔离输出，并利用光耦和 MOS 管完成隔离控制器隔离输出电路的设计。

二、分组讨论

学生以 4～6 人为一组，组长组织各组成员查找相关资料，并学习相关知识内容，完成下列问题的讨论。

问题 1：继电器的工作原理是什么？

问题 2：设计继电器测试电路，并在面包板上完成继电器模块的通断测试。

问题 3：查阅 MOS 管 NIF5002 的手册，判断其类型，并记录重要参数。利用光耦和 NIF5002 设计隔离控制器输出电路，要求输出端控制信号为 0V/3.3V。

问题 4：在面包板上验证设计的隔离输出电路能可靠工作。

续表

三、任务实施

按上述问题中的要求，完成相关问题的回答；在面包板上测试继电器模块；设计光耦和NIF5002组成的隔离输出电路，并在面包板上验证其功能。

任务实施过程中会遇到一些问题，请记录遇到的问题和解决方法：

问题记录

序号	主要问题	解决方法
1		
2		
3		
4		
5		

四、任务评价

各小组选出代表完成任务汇报，并完成个人评分、组内评分，结合教师给出的评分完成综合评价。

任务评分表

评价项目	评价内容	评分			
		分值	自评分	组评分	教师评分
专业技能（70%）	继电器工作原理描述	15			
	继电器模块的通断测试	15			
	隔离输出电路设计	20			
	隔离输出电路测试	20			
职业素养（30%）	遵守纪律、积极协作	5			
	安全、责任意识	5			
	表达沟通能力	10			
	环境整洁、设备完备	10			
综合评分		100			

项目 4 控制电路设计

任务 1　MCU 核心电路设计

班级		姓名		学号		指导教师	
一、任务要求							
本次工作任务中，我们将学习 STM32F103 系列芯片的最小系统电路，认识 STM32 芯片的基础资料，依据从官方获得的各种手册设计出物联网通用接口设备的核心控制电路。							
二、分组讨论							
学生以 4～6 人为一组，组长组织各组成员查找相关资料，并学习相关知识内容，完成下列问题的讨论。 问题 1：STM32F103RBT6 是什么样的芯片？概述其架构、出品公司、市场价格等。 问题 2：获取 STM32F103RBT6 的官方手册，了解 STM32F103 系列芯片的最小系统电路。 问题 3：依据官方资料，画出 STM32F103RBT6 的最小系统电路。 问题 4：简单描述 STM32F103RBT6 的最小系统电路中各部分功能。							

续表

三、任务实施

画出 STM32F103RBT6 的最小系统电路。

任务实施过程中会遇到一些问题，请记录遇到的问题和解决方法：

问题记录

序号	主要问题	解决方法
1		
2		
3		
4		
5		

四、任务评价

各小组选出代表完成任务汇报，并完成个人评分、组内评分，结合教师给出的评分完成综合评价。

任务评分表

评价项目	评价内容	评分			
		分值	自评分	组评分	教师评分
专业技能（70%）	STM32F103 芯片背景资料收集	15			
	芯片手册查阅	15			
	最小系统电路绘制	20			
	描述最小系统电路功能	20			
职业素养（30%）	遵守纪律、积极协作	5			
	安全、责任意识	5			
	表达沟通能力	10			
	环境整洁、设备完备	10			
综合评分		100			

任务2 RS-485接口电路设计

班级		姓名		学号		指导教师	

一、任务要求

本次工作任务中，我们将学习RS-485接口，认识RS-485接口电路的设计，依据从官方获得的各种手册设计出物联网通用接口设备的通信电路。

二、分组讨论

学生以4～6人为一组，组长组织各组成员查找相关资料，并学习相关知识内容，完成下列问题的讨论。

问题1：查找相关资料，了解串口通信。列举常用串口通信电平标准。

问题2：RS-485总线有什么特点？

问题3：获取6LB184的官方手册。

问题4：查找相关资料，绘制RS-485通信电路。（注意结合STM32F103RBT6和6LB184芯片手册）

续表

三、任务实施

画出隔离控制器 RS-485 通信电路，注意其中瞬态抑制器 TVS 等保护元件的使用、匹配电阻的设计，以及与 MCU 引脚的连接安排。

任务实施过程中会遇到一些问题，请记录遇到的问题和解决方法：

问题记录

序号	主要问题	解决方法
1		
2		
3		
4		
5		

四、任务评价

各小组选出代表完成任务汇报，并完成个人评分、组内评分，结合教师给出的评分完成综合评价。

任务评分表

评价项目	评价内容	评分			
		分值	自评分	组评分	教师评分
专业技能（70%）	串口通信认知	15			
	RS-485 通信特点描述	15			
	芯片手册阅读	20			
	RS-485 通信电路设计	20			
职业素养（30%）	遵守纪律、积极协作	5			
	安全、责任意识	5			
	表达沟通能力	10			
	创新精神	10			
综合评分		100			

项目5 电路 PCB 设计

任务1 PCB 加工工艺认知

班级		姓名		学号		指导教师	
一、任务要求							
本任务要求了解 PCB（Printed Circuit Board，印刷电路板）的制造过程中所涉及的一些关键技术和工艺。收集并讨论 PCB 加工所涉及的基本流程、常用的材料和工具，以及如何进行 PCB 布线和元件安装等方面的知识，完成演示文稿，并以小组为单位进行汇报。							
二、分组讨论							
学生以 4～6 人为一组，组长组织各组成员查找相关资料，并学习相关知识内容，完成下列问题的讨论。 问题 1：PCB 制作中最关键的环节有哪些？为什么？ 问题 2：在 PCB 加工过程中，如何保证电路板的质量？ 问题 3：当出现 PCB 加工中的问题时，我们应该如何快速排除故障？ 问题 4：如何选择合适的 PCB 加工厂商？有哪些需要注意的事项？							

续表

三、任务实施

完成问题讨论，将讨论内容和结论记录下来；准备汇报 PPT 材料，将材料提纲罗列在下方。每组选出一位同学给全班汇报分享。

任务实施过程中会遇到一些问题，请记录遇到的问题和解决方法：

问题记录

序号	主要问题	解决方法
1		
2		
3		
4		
5		

四、任务评价

各小组选出代表完成任务汇报，并完成个人评分、组内评分，结合教师给出的评分完成综合评价。

任务评分表

评价项目	评价内容	评分			
		分值	自评分	组评分	教师评分
专业技能（70%）	PCB 加工流程描述	20			
	PCB 加工厂商工艺标准	15			
	汇报材料整理	20			
	汇报总结分析	15			
职业素养（30%）	遵守纪律、积极协作	5			
	安全、责任意识	5			
	表达沟通能力	10			
	创新精神	10			
综合评分		100			

任务 2　原理图的绘制

班级		姓名		学号		指导教师	

一、任务要求

本任务要求使用 KiCad 软件绘制隔离控制器的电路原理图，电路中需要包含输入/输出端口、隔离芯片及其他必要元件。电路原理图设计绘制中确保电路符合设计要求，包括但不限于电气性能、防护性能等。电路原理图需要清晰明了，易于理解和修改。提交绘制好的电路原理图文件和相关说明文档。

二、分组讨论

学生以 4～6 人为一组，组长组织各组成员查找相关资料，并学习相关知识内容，完成下列问题的讨论。

问题 1：KiCad 软件中提供的元器件库是否满足设计需求？如果需要自定义元器件库，如何创建和导入？

问题 2：如何合理地安排电路元件在原理图上的布局和连线？如何优化电路结构，提高性能和可靠性？

问题 3：电路原理图的设计是否遵循了通用的电子设计规范和标准？如何确保所涉及的电路符合安全、可靠、易维护等方面的要求？

问题 4：如何进行电路设计的版本管理和控制？如何保留历史版本，并对新版本进行更新和迭代？

续表

三、任务实施

完成问题讨论，将讨论内容和结论记录下来。完成隔离控制器原理图设计，将设计图中的主要电路贴在下方。

任务实施过程中会遇到一些问题，请记录遇到的问题和解决方法：

问题记录

序号	主要问题	解决方法
1		
2		
3		
4		
5		

四、任务评价

各小组选出代表完成任务汇报，并完成个人评分、组内评分，结合教师给出的评分完成综合评价。

任务评分表

评价项目	评价内容	评分			
		分值	自评分	组评分	教师评分
专业技能（70%）	工程目录规范	15			
	KiCad 使用熟练	20			
	原理图设计规范	20			
	工程资料整理规范	15			
职业素养（30%）	遵守纪律、积极协作	5			
	安全、责任意识	5			
	表达沟通能力	10			
	创新精神	10			
综合评分		100			

任务 3　PCB 绘制

班级		姓名		学号		指导教师	

一、任务要求

基于隔离控制器的电路原理图，在 KiCad 软件中进行 PCB 布线布板设计。确定 PCB 板的尺寸、层次、材料等参数，并考虑到布局、散热、EMI/EMC 等因素进行设计。微调布局和连线，使得电路性能优化、工作更可靠、稳定。同时，布线布板设计需要考虑到很多因素，如电气参数、EMC 规范、机械尺寸、成本和生产周期等。

二、分组讨论

学生以 4～6 人为一组，组长组织各组成员查找相关资料，并学习相关知识内容，完成下列问题的讨论。

问题 1：在实现电路功能的前提下，如何选择最少的 PCB 层数？如何平衡成本和性能之间的矛盾？

问题 2：如何选用合适的 PCB 材料，以满足性能、可靠性和成本要求？如何考虑到散热、EMI/EMC 等因素？

问题 3：如何通过布局和连线使得信号噪声降低、电气性能更好？

问题 4：如何确定 PCB 板的尺寸？如何考虑到机械尺寸和安装空间等因素？

续表

三、任务实施

完成问题讨论，将讨论内容和结论记录下来。完成隔离控制器 PCB 布线设计，将设计完的PCB 正反面图贴在下方。

任务实施过程中会遇到一些问题，请记录遇到的问题和解决方法：

问题记录

序号	主要问题	解决方法
1		
2		
3		
4		
5		

四、任务评价

各小组选出代表完成任务汇报，并完成个人评分、组内评分，结合教师给出的评分完成综合评价。

任务评分表

评价项目	评价内容	评分			
		分值	自评分	组评分	教师评分
专业技能（70%）	PCB 布线工具使用	15			
	完成 PCB 布线	20			
	敷铜和丝印	15			
	PCB 机械尺寸控制	20			
职业素养（30%）	遵守纪律、积极协作	5			
	安全、责任意识	5			
	表达沟通能力	10			
	创新精神	10			
综合评分		100			

任务 4　PCB 打样

班级		姓名		学号		指导教师	

一、任务要求

本任务要求生成隔离控制器的 Gerber 文件，作为 PCB 制造的标准文件格式，包含有关电路板设计的信息，如图层布局、线宽等。要求确保生成的 Gerber 文件与前期电路板设计完全匹配，并符合 PCB 制造商的要求。将生成的 Gerber 文件发送给 PCB 制造商进行生产。在发外加工时要确认制造细节，包括材料、层数、厚度、尺寸、孔径、表面处理等，以免制造商出现误解或错误。在收到制造商返回的电路板时要对其进行质量检查，确保电路板按照要求制作，并且不存在任何缺陷或损坏。

二、分组讨论

学生以 4～6 人为一组，组长组织各组成员查找相关资料，并学习相关知识内容，完成下列问题的讨论。

问题 1：什么是 PCB 打样？它在电子制造中的作用是什么？

问题 2：PCB 打样的流程是什么？包括哪些步骤？

问题 3：如何选择合适的 PCB 厂商进行打样？需要关注哪些因素？

问题 4：PCB 打样的成本是多少？如何降低成本？

续表

三、任务实施

完成问题讨论，将讨论内容和结论记录下来。调研选择合适的 PCB 制造商，完成隔离控制器 PCB 的 Gerber 文件生成，并完成 PCB 的发外加工。

任务实施过程中会遇到一些问题，请记录遇到的问题和解决方法：

问题记录

序号	主要问题	解决方法
1		
2		
3		
4		
5		

四、任务评价

各小组选出代表完成任务汇报，并完成个人评分、组内评分，结合教师给出的评分完成综合评价。

任务评分表

评价项目	评价内容	评分			
		分值	自评分	组评分	教师评分
专业技能（70%）	描述 PCB 制作流程	15			
	评估制造商生产工艺	15			
	Gerber 文件生成和发外加工	20			
	与制造商沟通制造工艺	20			
职业素养（30%）	遵守纪律、积极协作	5			
	安全、责任意识	5			
	精益求精的态度	10			
	表达沟通能力	10			
综合评分		100			

项目 6　电子元件的采购

任务 1　元件物料清单的准备

<table>
<tr><td>班级</td><td></td><td>姓名</td><td></td><td>学号</td><td></td><td>指导教师</td><td></td></tr>
<tr><td colspan="8">一、任务要求</td></tr>
<tr><td colspan="8">本任务要求根据电路板设计图纸，列出所有需要的原材料和元器件清单，包括电容、电阻、二极管、晶体管、集成电路、插座、连接器等。对于每种元件，应注明型号、数量、品牌、规格等详细信息。在编制元器件清单时，应考虑到参数选择的合理性，避免不必要的浪费和额外成本。对于难以获得的元器件，或者需要长时间等待的元器件，尝试寻找替代方案。</td></tr>
<tr><td colspan="8">二、分组讨论</td></tr>
<tr><td colspan="8">学生以 4～6 人为一组，组长组织各组成员查找相关资料，并学习相关知识内容，完成下列问题的讨论。
问题 1：如何确定所需元件的类型和规格？

问题 2：如何避免元件选型错误导致设计缺陷？

问题 3：如何应对元件短缺和替代品的情况？

问题 4：如何与工程师、采购人员、制造商和供应商之间进行有效的沟通和协作？</td></tr>
</table>

续表

三、任务实施
完成问题讨论，将讨论内容和结论记录下来。利用电路设计和布板工具生成元件清单，并进行市场调研，将元件清单整理成符合元件供应商配单要求的格式。 任务实施过程中会遇到一些问题，请记录遇到的问题和解决方法：

问题记录

序号	主要问题	解决方法
1		
2		
3		
4		
5		

四、任务评价
各小组选出代表完成任务汇报，并完成个人评分、组内评分，结合教师给出的评分完成综合评价。

任务评分表

评价项目	评价内容	评分			
		分值	自评分	组评分	教师评分
专业技能（70%）	元件清单的生成	15			
	按设计要求完成物料清单的元件规格设定	15			
	调研供应商物料清单要求	20			
	修订用于采购的物料清单	20			
职业素养（30%）	遵守纪律、积极协作	5			
	安全、责任意识	5			
	精益求精的态度	10			
	表达沟通能力	10			
综合评分		100			

任务 2　元件的采购与测试

班级		姓名		学号		指导教师	

一、任务要求

本任务要求根据电路设计图，依据所需电路板元件列出的物料清单，查找并比较不同供应商的价格和质量，选定合适的供应商进行采购；对采购回来的电路板元件进行测试，确保其符合设计要求。

二、分组讨论

学生以 4～6 人为一组，组长组织各组成员查找相关资料，并学习相关知识内容，完成下列问题的讨论。

问题 1：如何选择适合电路板的元件？有哪些因素需要考虑？

问题 2：如何评估元件质量？有哪些方法可以进行测试？

问题 3：如何处理测试结果中出现的问题？是否需要更换元件或重新设计电路板？

问题 4：如何确保元件的供应链和生产商可靠？有哪些措施可以采取来减少风险？

续表

三、任务实施

完成问题讨论，将讨论内容和结论记录下来。按物料清单内容完成元件采购，并对采购回来的元件进行核对和抽检测试。完成对所采购的物料和合作供货商进行评估，并记录结果。

任务实施过程中会遇到一些问题，请记录遇到的问题和解决方法：

问题记录

序号	主要问题	解决方法
1		
2		
3		
4		
5		

四、任务评价

各小组选出代表完成任务汇报，并完成个人评分、组内评分，结合教师给出的评分完成综合评价。

任务评分表

评价项目	评价内容	评分			
		分值	自评分	组评分	教师评分
专业技能（70%）	物料清单的核查	15			
	元件下单采购	15			
	元件测试记录	20			
	采购问题的发现与解决	20			
职业素养（30%）	遵守纪律、积极协作	5			
	安全、责任意识	5			
	精益求精的态度	10			
	表达沟通能力	10			
综合评分		100			

项目 7 电路板的焊接加工

任务 1 焊接加工的准备

<table>
<tr><td>班级</td><td></td><td>姓名</td><td></td><td>学号</td><td></td><td>指导教师</td><td></td></tr>
<tr><td colspan="8">一、任务要求</td></tr>
<tr><td colspan="8">本任务需要准备焊接隔离控制器电路板所需的工具和材料：焊接台、锡丝、烙铁、镊子、酒精清洁剂等。在任务中认真检查电路板和元件是否完整，有没有损坏或者缺失，如果有需要进行修复或更换。准备好电路图、物料清单、焊接说明书等，了解电路板的结构和相关信息，熟悉焊接说明书中的焊接要领和注意事项。同时确保工作区干净整洁，避免杂物干扰工作，并注意个人防护措施，如戴手套、口罩等。</td></tr>
<tr><td colspan="8">二、分组讨论</td></tr>
<tr><td colspan="8">学生以 4～6 人为一组，组长组织各组成员查找相关资料，并学习相关知识内容，完成下列问题的讨论。
问题 1：在进行电路板焊接加工之前，需要做哪些准备工作？这些准备工作包括哪些步骤？

问题 2：有哪些不同类型的焊接方法可以用于电路板？每种方法的优缺点是什么？

问题 3：焊接完成后，如何进行测试和质量检查？有哪些常见的测试方法和工具可以使用？

问题 4：你是否有关于电路板焊接加工的经验或技巧？与其他人分享你的经验和知识。</td></tr>
</table>

续表

三、任务实施

完成问题讨论，将讨论内容和结论记录下来。设计焊接方案，根据电路板的要求和设计图纸，确定适用的焊接方法、材料以及所需的工具设备，将焊接方案记录在下方。准备工作环境，保证在安全、整洁、光线充足的环境下进行焊接加工。为了避免静电干扰，可以准备防静电手套和静电垫进行保护。检查电路板是否有损坏或松动的部件，并确认电路板上的元件是否与设计图纸一致。根据焊接方案和电路板设计，确定焊接的顺序和所需的焊接区域。

任务实施过程中会遇到一些问题，请记录遇到的问题和解决方法：

问题记录

序号	主要问题	解决方法
1		
2		
3		
4		
5		

四、任务评价

各小组选出代表完成任务汇报，并完成个人评分、组内评分，结合教师给出的评分完成综合评价。

任务评分表

评价项目	评价内容	评分			
		分值	自评分	组评分	教师评分
专业技能（70%）	环境和工具的准备	15			
	安全防护的准备	15			
	检查电路板和物料清单	20			
	设计焊接方案	20			
职业素养（30%）	遵守纪律、积极协作	5			
	安全、责任意识	5			
	精益求精的态度	10			
	表达沟通能力	10			
综合评分		100			

任务 2 焊接工艺认知与实践

班级		姓名		学号		指导教师	
一、任务要求							
本任务要求了解电路板焊接工艺的基本概念和原理、电路板焊接的常见方法和技术、电路板焊接中的常见问题及其解决方法、电路板焊接过程中的注意事项和安全措施等。完成隔离控制器电路板的组装焊接。							
二、分组讨论							
学生以 4～6 人为一组，组长组织各组成员查找相关资料，并学习相关知识内容，完成下列问题的讨论。 问题 1：电路板焊接的常见方法有哪些？它们各有什么特点和适用场景？ 问题 2：在手工焊接中，如何保证焊接质量和效率？有哪些操作技巧和注意事项？ 问题 3：电路板焊接中常见的问题有哪些？例如，可能出现的焊点缺陷、气泡、短路等情况，应该如何解决？ 问题 4：在进行电路板焊接时，需要注意哪些安全事项？如何在焊接过程中避免对人员和设备造成伤害？							

续表

三、任务实施

完成问题讨论，将讨论内容和结论记录下来。利用废旧电路板进行焊接实操练习，并在练习掌握焊接技巧后完成隔离控制器的焊接操作。

任务实施过程中会遇到一些问题，请记录遇到的问题和解决方法：

问题记录

序号	主要问题	解决方法
1		
2		
3		
4		
5		

四、任务评价

各小组选出代表完成任务汇报，并完成个人评分、组内评分，结合教师给出的评分完成综合评价。

任务评分表

评价项目	评价内容	评分			
		分值	自评分	组评分	教师评分
专业技能（70%）	简述常用的电路焊接技术	15			
	手工焊接实操	20			
	焊接缺陷排查修改	15			
	操作符合安全规范	20			
职业素养（30%）	遵守纪律、积极协作	5			
	安全、责任意识	5			
	精益求精的态度	10			
	表达沟通能力	10			
综合评分		100			

项目 8　电路板的功能检测评估

任务 1　电路电气检查

班级		姓名		学号		指导教师	

一、任务要求

本项目是一项涉及电路板测试和评估的项目，旨在确保隔离控制器电路板能够按照预期的方式运行，以满足其设计要求。通过对电路板进行功能检测和评估，可以识别可能存在的缺陷或问题，并采取适当的措施来纠正这些问题，确保电路板的准确性和稳定性。项目将使用各种测试方法和工具来验证电路板能否正确地执行其操作。这可能包括对电路板进行模拟测试、用外部信号模拟输入/输出、使用自动测试设备进行测试等。最终目标是确定电路板是否符合规格，并且能够在实际应用中可靠地工作。

二、分组讨论

学生以 4～6 人为一组，组长组织各组成员查找相关资料，并学习相关知识内容，完成对下列问题的讨论。

问题 1：使用哪些工具来进行电路板电路检查？

问题 2：在电路板生产过程中，哪些环节容易导致电路板的电路出现问题？

问题 3：如果在电路板电路检查中发现了问题，应该采取什么措施解决这些问题？

问题 4：在电路板电路检查过程中，如何避免对电路板本身造成损害？

续表

三、任务实施

完成问题讨论，将讨论内容和结论记录下来。对完成焊接组装的隔离控制器电路板进行电路检测，确保电路板上电后各部分电路工况都符合设计要求。

任务实施过程中会遇到一些问题，请记录遇到的问题和解决方法：

问题记录

序号	主要问题	解决方法
1		
2		
3		
4		
5		

四、任务评价

各小组选出代表完成任务汇报，并完成个人评分、组内评分，结合教师给出的评分完成综合评价。

任务评分表

评价项目	评价内容	评分			
		分值	自评分	组评分	教师评分
专业技能（70%）	万用表、示波器等测试工具的使用	15			
	断电情况下电路检查	20			
	上电情况下电路检测	20			
	操作符合安全规范	15			
职业素养（30%）	遵守纪律、积极协作	5			
	安全、责任意识	5			
	精益求精的态度	10			
	表达沟通能力	10			
综合评分		100			

任务 2　测试用例设计与实施

班级		姓名		学号		指导教师	

一、任务要求

本任务依据隔离控制器各部分功能需求，设计选择适当的测试用例，编写固件程序并将其烧写进隔离控制器，验证各部分功能。在测试过程中记录所有测试结果和问题，根据测试结果和问题报告，对隔离控制器系统进行修复。

二、分组讨论

学生以 4～6 人为一组，组长组织各组成员查找相关资料，并学习相关知识内容，完成下列问题的讨论。

问题 1：如何确定测试用例的覆盖率？如何设计有效的测试用例？

问题 2：在嵌入式系统测试中，如何处理非功能性需求，例如性能和安全性？

问题 3：如何在测试期间模拟外部设备和条件，以便测试系统的整体交互？

问题 4：如何评估测试结果和测试报告，并对测试结果进行解释和记录？

续表

三、任务实施

完成问题讨论，将讨论内容和结论记录下来。准备隔离控制器的编程烧写工具，将固件程序分别烧写进 MCU，记录并分析测试结果。对没有达到预期的测试，给出原因分析，如有必要则进行相应的软硬件调整。将测试结果记录在下方，并整理完成测试报告。

任务实施过程中会遇到一些问题，请记录遇到的问题和解决方法：

问题记录

序号	主要问题	解决方法
1		
2		
3		
4		
5		

四、任务评价

各小组选出代表完成任务汇报，并完成个人评分、组内评分，结合教师给出的评分完成综合评价。

任务评分表

评价项目	评价内容	评分			
		分值	自评分	组评分	教师评分
专业技能（70%）	编程工具的安装使用	15			
	测试方案的设计	20			
	测试结果分析	20			
	操作符合安全规范	15			
职业素养（30%）	遵守纪律、积极协作	5			
	安全、责任意识	5			
	精益求精的态度	10			
	表达沟通能力	10			
综合评分		100			